mapaches BEBÉS

KIM THOMPSON

CREATIVE EDUCATION • CREATIVE PAPERBACKS

CONT

Soy un cachorro 4

En un árbol 6

Por el bosque 8

Manos hábiles 10

Habla y escucha 12

Palabras de cachorro 14

Índice alfabético 16

SOY UN CACHORRO.

Soy un mapache bebé.

máscara
Tengo una máscara de pelaje oscuro. Mi cola tiene rayas.
pelaje

Nací en una guarida dentro de un árbol hueco. Mi mamá tuvo cuatro crías.

Bebemos la leche de nuestra mamá. Al principio, no podía mantenerme en pie. Pesaba lo mismo que una baraja de cartas.

Tengo dos meses. Camino por el bosque con mi familia. Nado en los arroyos.

Soy un buen trepador. Me gustan los lugares altos.

Uso mis patas como manos.

Mis patas recogen bayas. Atrapan peces. Abren los cubos de basura.

Soy nocturno. Duermo todo el día.

HABLA Y ESCUCHA

¿Puedes hablar como un cachorro? Los mapaches bebés chirrían y gritan.

Escucha estos sonidos:

https://www.youtube.com/watch?v=wX6T3-uuyMU

PALABRAS DE CACHORRO

guarida: un hogar para madres y crías de mapaches

hueco: vacío por dentro; excavado

nocturno: que duerme todo el día y está despierto toda la noche

pata: el pie de un mapache

ÍNDICE ALFABÉTICO

árbol 6
basura 11
bosque 8
cola 4, 5
comida 7, 11
dormir 11
mamá 6, 7
máscara 5
patas 4, 10, 11
tamaño 7

PUBLICADO POR CREATIVE EDUCATION Y CREATIVE PAPERBACKS
P.O. Box 227, Mankato, Minnesota 56002
Creative Education y Creative Paperbacks son sellos editoriales de The Creative Company
www.thecreativecompany.us

CATALOGING-IN-PUBLICATION DATA ESTÁ DISPONIBLE EN LIBRARY OF CONGRESS
Names: Thompson, Kim, 1970- author.
Title: Mapaches bebés / Kim Thompson.
Other titles: Baby raccoons. Spanish Description: Mankato, Minnesota: Creative Education and Creative Paperbacks, [2026] | Series: El principio de los | Translation of: Baby raccoons. | Audience: Ages 4-7 | Audience: Grades K-1 | Summary: "Introduce beginning readers to the world of baby raccoons with this life science starter. Includes photos, a labeled animal diagram, "Make a Noise" section, and glossary. Translated into North American Spanish"— Provided by publisher. Identifiers: LCCN 2024054105 (print) | LCCN 2024054106 (ebook) | ISBN 9798889898610 (library binding) | ISBN 9781682779019 (paperback) | ISBN 9798889899402 (ebook) Subjects: LCSH: Raccoons—Infancy—Juvenile literature. Classification: LCC QL737.C26 T46518 2026 (print) | LCC QL737.C26 (ebook) | DDC 599.76/321392—dc23/eng/20250115

DISEÑO Y PRODUCCIÓN
Diseño por Rhea Magaro
Producción de Beeline Media and Design, Inc.
Dirección artística de Tom Morgan

FOTOGRAFÍAS de Alamy Stock Photo/Radius Images, 6-7; Dreamstime/Bsheridan1959, 5, Isselee, portada, 2-3, Svetlana Foote, 4; Shutterstock/Agnieszka Bacal, 10-11, Bohbeh, 13, Biego Puyal Puente, 7, Jay Ondreicka, 9, Orest_U, 8, Robert Eastman, 11, Sonsedska Yuliia, 12, 14

Impreso en los Estados Unidos de América